四川省工程建设地方标准

四川省智能建筑设计规范

Code for Design of Intelligent Building in Sichuan Province

DBJ51/T053 – 2015

主编单位： 中国建筑西南设计研究院有限公司
　　　　　 成 都 市 建 筑 设 计 研 究 院
批准部门： 四 川 省 住 房 和 城 乡 建 设 厅
施行日期： ２０１６ 年 ４ 月 １ 日

西南交通大学出版社

2016　成　都

图书在版编目（ＣＩＰ）数据

四川省智能建筑设计规范 / 中国建筑西南设计研究院有限公司，成都市建筑设计研究院主编. —成都：西南交通大学出版社，2016.3

（四川省工程建设地方标准）

ISBN 978-7-5643-4541-9

Ⅰ. ①四… Ⅱ. ①中… ②成…Ⅲ. ①智能化建筑 – 建筑设计 – 设计规范 – 四川省 Ⅳ. ①TU243-65

中国版本图书馆 CIP 数据核字（2016）第 029753 号

四川省工程建设地方标准

四川省智能建筑设计规范

主编单位　中国建筑西南设计研究院有限公司
　　　　　成都市建筑设计研究院

责 任 编 辑	曾荣兵
封 面 设 计	原谋书装
	西南交通大学出版社
出 版 发 行	（四川省成都市二环路北一段 111 号
	西南交通大学创新大厦 21 楼）
发 行 部 电 话	028-87600564　028-87600533
邮 政 编 码	610031
网　　　　址	http://www.xnjdcbs.com
印　　　　刷	成都蜀通印务有限责任公司
成 品 尺 寸	140 mm × 203 mm
印　　　　张	2.75
字　　　　数	67 千
版　　　　次	2016 年 3 月第 1 版
印　　　　次	2016 年 3 月第 1 次
书　　　　号	ISBN 978-7-5643-4541-9
定　　　　价	27.00 元

四川省住房和城乡建设厅
关于发布工程建设地方标准
《四川省智能建筑设计规范》的通知

川建标发〔2015〕917 号

各市（州）及扩权试点县住房城乡建设行政主管部门，各有关单位：

由中国建筑西南设计研究院有限公司、成都市建筑设计研究院主编的《四川省智能建筑设计规范》，已经我厅组织专家审查通过，现批准为四川省推荐性工程建设地方标准，编号为：DBJ51/T053－2015，自 2016 年 4 月 1 日起在全省实施。

该标准由四川省住房和城乡建设厅负责管理，中国建筑西南设计研究院有限公司负责技术内容解释。

四川省住房和城乡建设厅
2015 年 12 月 29 日

前　言

根据四川省住房和城乡建设厅《关于下达〈四川省智能建筑设计技术规程〉编制计划的通知》（川建标函〔2013〕770号）的要求，中国建筑西南设计研究院有限公司和成都市建筑设计研究院会同有关单位，结合我省智能建筑设计的实际情况编制本规范。

本规范在编制过程中，编制组进行了广泛和深入的调查研究，认真总结了实践经验，全面分析了智能建筑建设中关注的问题，在广泛征求有关单位和专家意见的基础上，经反复讨论、修改和完善，最后经审查定稿。

本规范共计 13 章，主要内容包括：总则、术语、基本规定、需求分析和设计原则、系统方案确定、智能化集成系统、信息设施系统、信息化应用系统、建筑设备管理系统、公共安全系统、机房工程、建筑环境、智能家居。

本规范由四川省住房和城乡建设厅负责管理，由中国建筑西南设计研究院有限公司负责具体技术内容解释。本规范在执行过程中，请各单位结合工程实践，总结经验，积累资料，如发现需要修改或补充之处，请将有关意见和建议反馈给中国建筑西南设计研究院有限公司(地址：成都市天府大道北段 866号；邮编：610042；电话：62551539；邮箱：xe04@xnjz.com)，以供修订时参考。

主 编 单 位： 中国建筑西南设计研究院有限公司
　　　　　　　成都市建筑设计研究院
参 编 单 位： 四川省建筑设计研究院
　　　　　　　四川众恒建筑设计有限责任公司
　　　　　　　海康威视数字技术股份有限公司
　　　　　　　成都千帆科技开发有限公司
　　　　　　　福建星网锐捷网络有限公司
　　　　　　　四川启威科技有限公司
主要起草人： 杜毅威　黄志强　熊泽祝　胡　斌
　　　　　　　唐　明　银瑞鸿　伍金明　朱　军
　　　　　　　陈言虎
主要审查人： 吕　立　余南阳　陈　剀　黄　洲
　　　　　　　夏双兵　张启浩　谢　力

目　次

Contents

1 总 则

1.0.1 为了规范四川省智能建筑工程设计，提高智能建筑工程设计质量，加快四川省信息化的发展步伐，推进"智慧城市、智慧社区、智慧家居"进程，制定本规范。

1.0.2 本规范适用于四川省新建、扩建和改建建筑工程项目的智能化系统工程设计。

1.0.3 智能建筑工程设计应满足功能实用、技术合理、安全高效、方便快捷、运营规范和投资合理等要求，采用的智能化系统应具有开放性和可扩展性；设计应满足建筑节能和环保的要求。

1.0.4 智能建筑工程设计除应执行本规范外，尚应符合国家现行有关标准的规定。

2 术 语

2.0.1 智能建筑 intelligent building

以建筑物为平台，基于对建筑各种智能信息化综合应用，集架构、系统、应用、管理及其优化组合，具有感知、推理、判断和决策的综合智慧能力及形成以人、建筑、环境互为协调的整合体，为人们提供安全、高效、便利和具有现代功能的环境。

2.0.2 智能化系统工程架构 engineering of intelligent systems architecture

以智能化应用需求为基础，以智能化信息流为主线，通过对智能化系统设施条件与管理和业务等应用功能作层次化和结构化的逻辑规划，构成由若干智能化设施整合的智能化系统工程整体架构形式和智能化系统优化配置组合模式。

2.0.3 信息化应用系统 information application system

为满足建筑的信息化应用功能需要，以计算机信息系统为基础，运用计算机通用软件、专用业务软件和专用管理控制软件等，开展信息化办公、业务办理及管理控制等应用的系统。

2.0.4 智能化集成系统 intelligent integration system

为实现建筑的建设和运营目标，利用计算机信息技术，将分布在建筑物内的各子信息与控制系统、分散设备、数据信息源，按照统一的协议互联在一起，从而形成具有信息汇聚、资源共享、协同运行、优化管理等综合应用功能的系统。

2.0.5 信息设施系统 information infrastructure system

为适应信息通信需求，对建筑内各类具有接收、交换、传输、处理、存储和显示等功能的信息系统进行整合，实现建筑应用与管理等综合功能的统一及融合，形成的信息设施基础条件系统。

2.0.6 建筑设备管理系统 building management system

为实现绿色建筑的建设目标，具有对建筑机电设施及建筑物环境实施综合管理和优化功效的系统。

2.0.7 公共安全系统 public security system

综合运用现代科学技术，应对危害建筑物公共环境安全而构建的技术防范或安全保障体系的系统。

2.0.8 机房工程 engineering of electronic equipment plant

提供各智能化系统设备及装置等安置或运行的条件，建立确保各智能化系统安全、可靠和高效地运行与便于维护而实施的综合工程。

2.0.9 运营管理模式 operation and management mode

为使建筑各种业务顺利地实现经营目标，所实施的系列科学化运营和专业化管理的方式。

2.0.10 智能化设施 intelligent facilities

由若干电子设备、器件、通信链路与应用程序组合而形成的电子装置或电子应用系统等，具有实现建筑智能化管理和应用的一项或多项专业功能，从而成为智能化系统工程整体设施架构的基本单元体。

3 基本规定

3.0.1 建筑工程的智能化系统宜根据规模、功能、重要性等情况进行专项设计，并对专项设计文件进行审查。专项设计单位和审查单位应具备相应的资质。

3.0.2 智能化专项设计包括方案设计、初步设计和施工图设计，设计深度须满足现行相关深度规定的要求。

3.0.3 建筑智能化系统工程设计，应进行需求分析，确立设计标准，规划智能化系统工程架构。

3.0.4 建筑智能化系统工程宜由信息化应用系统、智能化集成系统、信息设施系统、建筑设备管理系统、公共安全系统、机房工程和建筑环境等组成。

3.0.5 建筑智能化系统工程设计应考虑建筑工程所在地区温度、湿度、海拔高度等自然环境因素的影响。

4 需求分析和设计原则

4.0.1 需求分析应符合建筑工程实际需要，根据需求分析确定的智能建筑设计标准，应综合考虑建筑功能类别、地域环境条件、业务应用需求、运营管理模式及建设投资控制等因素。

4.0.2 应根据需求分析形成设计任务书，指导后续设计工作。

4.0.3 智能建筑设计原则，应以建筑智能化系统工程建设目标和合理技术标准为依据。

4.0.4 智能建筑设计应符合以下原则：

　1 以建筑功能需求、运营模式和科技发展水平为导向；

　2 以相关规范、实际需求、成熟技术与产品为依据，兼顾建设投资与运行成本；

　3 以实现建筑节能、环保、管理高效、运行成本降低为目标；

　4 智能建筑基础建设应立足长远、统一规划、分布实施，应用系统应满足近期需要。

5 系统方案确定

5.0.1 智能化系统工程宜进行架构规划，确定系统方案，并提出智能化设计的总体技术要求和建设目标要求。

5.0.2 智能化系统工程架构规划，应以业务应用需求为基础，进行逻辑化、层次化和结构化搭建。

5.0.3 智能化系统工程架构规划应包括系统工程的设施架构形式和系统优化配置的组合模式。智能化系统工程架构规划应遵照以下原则：

    1 智能化系统工程架构，应满足建筑智能化的应用功能，综合体建筑应适应多类别建筑功能组合的物理形式及实施专业化运营的管理模式；

    2 智能化信息集成应用平台，应具有多业务应用系统间相关信息处理和集成共享功能，支撑建筑业务应用和综合管理；

    3 智能化工程技术，应适应智能化技术的可持续发展；

    4 智能化系统的应用，应满足建筑现代化应用需求的不断完善。

5.0.4 智能化系统工程设施架构，应符合以下要求：

    1 应建设具有符合该类别建筑通用应用和基本管理功能条件的建筑整体智能 化系统基础设施层；

    2 应建立满足各智能化信息业务性应用和专业化管理，具有网络化接收、交换、传输、处理、存储和显示等综合功能的信息服务设施层；

　　3　应形成符合多业务应用系统间相关智能化信息汇集、资源共享的智能化信息集成，展现智能化信息应用和协同效应的综合应用设施层。

5.0.5　智能化系统工程系统配置，应符合以下要求：

　　1　以建筑类别为依据，按建筑基本功能要求配置智能化基础设施系统；

　　2　以建筑智能化基础设施系统配置为支撑条件，按建筑功能属性要求配置智能化业务功能应用系统和管理应用系统；

　　3　综合体建筑的智能化工程构建配置，应配置符合综合体建筑中具有整体通用需求的智能化基础设施系统、满足单体或局部建筑具有专用需求的智能化业务应用系统及满足综合体建筑全局性和整体化运营管理模式的智能化综合管理应用功能系统。

6 智能化集成系统

6.0.1 智能化集成系统的设计，应全面综合和优化系统性能，以最大限度满足用户需求，实现建筑现代化和智能化管理目标。

6.0.2 智能化集成系统的设计，应结合建筑工程的规模和性质，在充分进行需求分析的前提下开展。

6.0.3 智能化集成系统应采用标准化与模块化的结构，并具有开放性、安全性、可靠性和可维护性。

6.0.4 智能化集成系统应成为实施绿色建筑、智慧城市建设的重要基础设施。

6.0.5 智能化集成系统的设计可分为以下步骤：

    1 确认集成系统设计的需求；

    2 系统组成结构的设计；

    3 集成系统的深化设计。

6.0.6 智能化集成系统的功能设计应符合下列要求：

    1 实现各智能化系统信息资源共享和集约化协同管理；

    2 应符合建筑使用性质、业务功能和运营管理需求；

    3 应具有实用、可靠和高效的综合监控和管理功能。

6.0.7 智能化集成系统信息共享平台应由集成系统网络、集成系统平台应用程序、集成互为关联各类信息的通信接口构成。

6.0.8 智能化集成系统配置应符合以下要求：

1 系统应采用标准化的互联技术和通信接口；

2 系统集成应用平台软件与各智能化关联信息系统、数据通信系统应采用开放的标准化的通信协议；

3 系统应采用先进成熟的技术，并符合标准化信息集成技术发展的方向。

6.0.9 系统组成宜采用分层的架构，各子系统应能保持相对完整和独立，并可在集成的环境下可靠运行。

6.0.10 智能化集成系统对建筑火灾自动报警系统的监测，应符合相关标准的规定。

6.0.11 集成系统的通信网络，应以 TCP/IP 协议和以太网为基础，实现各子系统与局域网的互联，以适应更大范围信息化综合应用功能的延伸。

6.0.12 集成系统平台应用软件，宜采用浏览器/服务器(B/S)的模式。

6.0.13 智能化集成系统可一次设计到位、一次性实施，也可分层次、分阶段实施。

6.0.14 智能化集成系统可分为以下两大层次的功能目标：

1 通过建筑设备管理系统的系统集成，实现实时监控各子系统。

2 通过建筑设备管理系统、公共安全系统、信息设施系统和信息化应用系统的一体化系统集成，实现全局的综合信息交互和共享。

6.0.15 公共建筑的集成系统信息化应用功能程序应由通用基本管理模块和业务运营管理模块组成，分别包含以下内容：

1 系统通用基本管理模块应包括安全权限管理、信息集成集中监视、报警及处理、数据统计、储存文件报表生成和管理等，包括监测、控制及数据分析等。

2 系统业务运营管理模块在符合标准化运营管理应用的同时，应满足建筑主体业务和专项业务的需求功能，并与安全权限管理相关联。

6.0.16 住宅小区和住宅建筑宜由家居智能化系统和综合物业管理系统集成，为住户提供安全舒适的生活环境、便利的通信方式、综合的信息服务。

7 信息设施系统

7.1 信息接入系统

7.1.1 信息接入系统应根据用户业务需求和用户分布情况，确定接入方式、系统容量、接口类型及传输系统的性能指标。

7.1.2 应根据用户信息通信业务需求，将公用通信网(简称公网)或专用通信网（简称专网）引入建筑物。专网需按重要程度和用户要求选择提供双路由接入。

7.1.3 公网信息接入系统，采取有线和无线融合的综合接入方式，应支持建筑物内各类信息通信业务。

7.1.4 系统设计应统筹考虑网络的安全性、灵活性、可靠性。

7.1.5 系统应满足该建筑物与外部进行信息网互联的技术条件以及融入物联网的功能扩展。

7.1.6 系统设计应结合当地城市建设和通信发展，以及公网和物联网等的发展情况选用适当的接入方式。

7.1.7 系统采用的技术应与用户业务和各类通信能力相适应，宜进行技术经济比较，考虑适度技术超前和扩容预留，便于今后新业务升级和用户增加。

7.1.8 系统宜采用综合接入方式，且符合以下要求：

    1 融合各种有线、无线接入技术，应具备话音、数据和视频在同一网络传送的能力，能够提供各种分组型业务和电路型业务接入的能力；

　　2　传输媒介宜全程以光纤作为传输媒质，或者以光纤作为主干传输媒质、电缆或者无线作为用户末端传输媒质；

　　3　应能根据用户分布和所需业务类型情况，支持不同的拓扑结构，并可根据用户需求选择提供对业务的保护接驳能力；

　　4　宜满足多家运营商的接入要求，可利用本地运营商提供的链路或光纤接口，通过服务器与公网连接，实现外部访问及其他远程服务。

7.1.9　办公建筑应统筹规划配置，适应多家运营商接入。行政、金融办公建筑应根据业务需要，引入公网及专网。

7.1.10　文化建筑应引入公网，其中博物馆宜设置网络远程接入与发布系统，便于外部作业人员的资料接收和信息发送。

7.1.11　广播电视业建筑接入系统除提供公网接入的光、电缆外，还应预留接至电视发射塔信号的传输光缆以及引至音像资料馆、广电局的传输光缆接口。

7.1.12　医院建筑、教育建筑和交通建筑应满足公网接入，有专网需求的应满足专网的接入。

7.1.13　住宅建筑应采用光纤到户接入，配置满足接入的家居配线箱，适应多家运营商接入使用。

7.1.14　系统应符合现行行业标准《接入网工程设计规范》YD/T5097等的有关规定。

7.2 电话交换系统

7.2.1 电话交换系统应按建筑性质、功能、安全及其他需求，进行合理规划设计。

7.2.2 系统宜采用本地通信运营商提供的虚拟交换网方式或用户内网自建交换机方式。有内部电话通信需求的建筑可设置电话交换系统。

7.2.3 系统应满足建筑内语音、传真、数据及综合业务的需求。

7.2.4 系统的容量、出入中继线数量等，应按使用需求和实际话务量确定，并应留有裕量。

7.2.5 建筑物内所需的电话端口应按实际需求配置，并预留裕量。

7.2.6 建筑公共场所宜配置公用的直线电话、内线电话和无障碍电话。

7.2.7 系统应根据用户的需求，设置相应容量（门数）的交换设备。还应根据用户需要，设置电脑话务员和分租用户等系列服务功能及各类通信接口。

7.2.8 采用自建用户内网交换机时宜采用 IP 化交换机，可接入公用数据网，并可根据需求进行数据功能的扩展应用。

7.2.9 采用 IP 化交换机，可根据使用者的需要，与建筑物内其他智能系统进行综合功能的整合和集成。

7.2.10 话音信箱、电子信箱、语音应答（电话问询服务）、可视图文（视讯服务）系统应符合以下规定：

    1 话音信箱系统具有存储外来话音，并通过信箱密码来提取留言的功能；

　　2　语音应答系统具有被询问有关信息并及时应答服务的功能；

　　3　电子信箱系统具有存储及提取文本、传真、电传等邮件的功能；

　　4　可视图文系统具有通过专用终端或微机检索数据库中动态图文信息的功能。

7.2.11　系统应符合现行国家标准《用户电话交换系统工程设计规范》GB/T50622 等有关规定。可视电话、电视会议系统应设置相关设备，进行远距离的双向图像通信和同步通话。

7.2.12　办公和商业建筑应满足内部语音通信。有满足行政机关内部电话通信需求的行政办公建筑应设置电话交换系统；有满足管理功能需求的宾馆建筑应设置具备宾馆管理功能的电话交换系统。

7.2.13　体育建筑应满足体育赛事和其他活动对通信多功能的需求，为观众、组委会、运动员、新闻媒体和其他活动举办者提供通信服务。

7.2.14　医院建筑宜根据其业务需求，设置相应的无线数字寻呼系统或其他组群方式的寻呼系统，以满足医院内部紧急寻呼的要求。

7.2.15　托儿所和幼儿园儿童公用直线电话宜设置在主体建筑底层进厅的公共部位。

7.2.16　航站楼、铁路客运站、城市轨道交通站及汽车客运站等交通建筑根据专业通信需求，宜设置满足生产调度指挥、电话问询、公务与专用电话及与公网市话互连通信等功能的电话交换系统。

7.2.17 住宅建筑电话交换系统宜根据其建设规模及管理需要进行设置。

7.2.18 系统应符合现行国家标准《用户电话交换系统工程设计规范》GB/T50622 等有关规定。

7.3 计算机网络系统

7.3.1 系统应根据建筑的运营业务性质、使用功能、环境安全条件及其他使用需求，进行合理的系统布局及系统布线规划设计。

7.3.2 系统应根据承载业务的不同分为业务办公和智能化设备两套网络系统，宜采用物理隔离方式。

7.3.3 系统总体应包括物理线路层、链路交换层、网络交换层、安全及安全管理系统、运行维护管理系统五个部分的设计及其部署实施。

7.3.4 应采用核心交换-接入交换或核心交换-汇聚交换-接入交换的架构方式，大型建筑或建筑群应采用汇聚交换设备。

7.3.5 核心交换、汇聚交换、接入交换设备宜采用可网管交换机，应支持通过标准协议将自身的各种运行信息传送到信息设施管理系统，提供设备的远程监控和故障告警。

7.3.6 核心交换机应满足以下技术要求：

　　1 应采用模块化设计，支持主控引擎、电源等关键部件冗余，确保核心关键设备的高稳定性和高可靠性；

2 宜支持万兆端口扩展能力，满足业务办公、高清视频监控数据传输要求；

3 宜支持横向虚拟化技术，简化网络结构，提升运率。

7.3.7 接入交换设备应预留不低于 10%的接入端口；可采用支持 POE 功能的设备，满足智能化设备和无线 AP 远程供电的要求。

7.3.8 中心机房服务器接入设备应满足以下技术要求：

1 宜支持 FCOE、VEPA 等数据中心特性和服务器虚拟化能力，可兼容传统 FC SAN 存储设备；

2 应满足服务器双网卡千兆及以上接入网络的要求。

7.3.9 系统应同时支持有线和无线两种网络接入方式，提供多种安全准入机制，满足不同终端安全、灵活接入网络的能力。

7.3.10 网络系统应支持流量控制功能，以保障持续性大数据流量应用的传输质量。

7.3.11 系统应具有控制智能化设备接入的能力，防止外部非法设备接入网络，能抵御常见的网络攻击，对常见网络环路问题能够进行检测和防御。

7.3.12 运维管理平台宜具备有线无线一体化管理能力，并具备管理、定期巡检网络设备/服务器/存储/操作系统的能力，以及管理、控制机房环境动力系统的能力。

7.3.13 系统设计应明确网络的性质，是涉密信息系统还是非涉密的信息系统，据此确定信息系统安全基础设计适用的规范和标准。涉及国家秘密的信息系统建设必须进行涉密信息系统分级保护建设。

7.3.14 网络规划设计时，应根据业主单位确定的信息安全等级，严格按照国家相关标准中相应等级的网络安全要求执行。

7.3.15 网络规划设计时，IP 设备应支持 IPv4 和 IPv6 协议，满足网络系统升级要求。

7.3.16 互联网远程办公应用，应选用支持 SSL VPN 远程接入技术的设备。

7.3.17 不同的应用场所，应采用不同的无线部署方式，以满足无线信号的覆盖要求。

7.4 综合布线系统

7.4.1 综合布线系统设计应根据建筑工程项目性质、功能、环境条件，综合考虑用户近期、远期需求以及施工维护等各方面因素，纳入建筑与建筑群规划之中设计，确定系统配置。

7.4.2 综合布线系统指标应达到数据、语音、图文和视频等信号传输的性能要求。

7.4.3 建筑物内或建筑物之间的数据传输干线宜采用单模或多模光纤，设计时需考虑符合网络构架、光纤传输距离等条件；语音干线宜采用 3 类大对数电缆。

7.4.4 数据干线宜按 2 芯光纤容量配置并根据具体情况可留一定裕量；语音主干电缆对数宜在满足工程实际需求的基础之上至少预留 10% 的备用对数。

7.4.5 水平配线子系统根据实际需要可采用 8 芯双绞线、室内多模或单模光纤，光纤至桌面一般可采用 2 芯光缆，当采用 8 芯双绞线时长度不应大于 90 m。

7.4.6 工作区面积划分及每个工作区信息点数配置应根据建筑功能、用户性质等情况，以满足实际需求并考虑冗余和发展因素。

7.4.7 电信间面积不应小于 5 m²，位置设置应满足水平配线电缆长度不超过 90 m，超过时可增加电信间数量。

7.4.8 进线间位置应尽可能靠近外部公用网或专用网，线缆入口处管孔数量应能满足建筑物之间、外部接入及多家电信运营商线缆接入需求，并留有一定余量。

7.4.9 综合体建筑综合布线系统设计应根据物业管理模式，对不同功能区域进行统筹规划。

7.4.10 金融、行政办公建筑综合布线系统设计应充分考虑信号传输的高速、安全和可靠性，以及系统容量可扩展性等；出租、出售型的多单位共用商务办公建筑综合布线系统设计应结合物业管理模式综合考虑。

7.4.11 系统应符合现行国家标准《综合布线系统工程设计规范》GB 50311 等的有关规定。

7.5 有线电视系统

7.5.1 有线电视系统节目信号源宜包括本地城市有线电视网、自办节目和卫星电视节目。

7.5.2 有自办节目和卫星电视节目接收需求时，前端设备机房宜设置在建筑物用户区域的中心部位或靠近信号源。

7.5.3 有线电视系统信号传输宜采用邻频 862 MHz 系统，用户终端模拟电视信号输出电平值为（69 ± 6）dBuV。

7.5.4 分配和传输系统宜具备宽带、双向、高速和适应三网融合的功能。

7.5.5 进出建筑物的电视信号电缆、天线馈线应采取防雷及过电压保护措施；供电视系统的电源配电系统，应安装电涌保护装置。

7.5.6 一般办公建筑、住宅建筑、商业配套建筑的有线电视系统，节目信号应由本地城市有线电视网引入。

7.5.7 酒店建筑宜配置宽带双向有线电视系统、卫星电视接收及传输网络系统，节目信号包括城市有线电视、自办节目和卫星接收电视节目。

7.5.8 星级酒店可设置视频点播服务系统。

7.5.9 教育建筑有线电视系统应与当地有线电视网互联，并满足学校的电视教学需要。当校园所处地区偏远时，宜配置卫星电视接收系统，满足校园单向卫星电视远程教学的需求。

7.5.10 体育场馆的卫星及有线电视系统应满足场(馆)的实际需要，应与体育场馆专用系统的电视转播、现场影像采集及回放系统、竞赛成绩发布系统互通。

7.5.11 大型商场应配合装修在电视机营业柜台区域、商场办公、大小餐厅和咖啡茶座等公共场所处设置电视终端。

7.5.12 有线电视系统的设计，除应符合本规范外，还应符合《有线电视系统工程技术规范》GB50200及国家其他现行有关标准的规定。

7.6 卫星通信系统

7.6.1 卫星通信系统应根据用户的业务类型、业务量、通信质量及用途等进行设计。

7.6.2 系统应满足语音、数据、图像和多媒体等信息通信的需求。

7.6.3 系统应根据建筑不同需求与规模，设置 1 颗至多颗卫星的通信接收站，提供多路图像节目，并可通过卫星接收和发送的相关设备，进行多路数据双向传输。不同需求的建筑中卫星通信系统功能配置按表 7.6.3 执行。

表 7.6.3　不同需求的建筑中卫星通信系统功能配置

建筑配置类别	卫星通信接收站颗数	图像节目数量	数据双向传输
配置智能化系统标准高而齐全的建筑	3 颗及以上	多路	多路
配置基本智能化系统而综合型较强的建筑	2 颗及以上	多路	—
配置部分主要智能化系统，并有发展和扩充需要的建筑	1 颗及以上	多路	—

7.6.4 系统应根据相关规定，设置室内和室外两部分设备。

7.6.5 系统天线、室外单元设备安装空间和天线基座基础可设在建筑物顶层。

7.6.6 室内设备设置在通信机房位置，可直接与用户通信设备相连。

7.6.7 室内和室外设备通过同轴电缆相连。当设备间距离较远,需较长同轴电缆时,宜选用低损耗电缆或加装线路放大器。

7.6.8 建筑采用 VSAT 卫星通信系统时,主站应对全网进行管理、监测和控制,端站宜建在用户所在地或附近。

7.6.9 有特殊工作或者专网通信需求,以及边远地区、山区中需要进行安防、灾备、调度的建筑和金融建筑等,可根据需要选择配置卫星通信系统。

7.6.10 系统设计应符合现行行业标准《国内卫星通信小型地球站(VSAT)通信系统工程设计规范》YD/T5028、《国内卫星通信地球站工程设计规范》YD5050 和《广播电视卫星地球站设计规范》GY/T5041 等的有关规定。

7.7 公共广播系统

7.7.1 公共广播系统应结合用户需要、系统规模及投资等因素确定系统组成并分级。

7.7.2 同一个公共广播系统可同时具有多种广播用途,可分为业务广播、背景广播和紧急广播。

7.7.3 系统设计应符合现行国家标准《公共广播系统工程技术规范》GB50526 的有关规定。

7.7.4 当业务广播或背景广播与消防应急广播系统兼用时,系统的广播分区、功放配置、扬声器设置、系统供电、传输线路及控制线路线缆的选择,均应符合现行国家标准《火灾自动报警系统设计规范》GB50116 的有关规定。

7.7.5 公共广播系统设计应符合以下具体要求:

    1 公共广播系统的应备功能应符合下列规定:

1）实时发布语声广播，且应由一个传声器处于最高广播优先级。

2）当有多个信号源对同一广播分区进行广播时，优先级高的信号应能自动覆盖优先级别低的信号。

2 业务广播系统应根据工作业务及管理需要，设定功能需求，除应符合本规范第 7.7.5 条第 1 条的规定外，尚应符合表 7.7.5-1 的规定。

表 7.7.5-1　业务广播系统的其他应备功能

其他应备功能	一级	二级	三级
软件程序控制播音、自动定时运行（可手动干预）	√		
矩阵分区	√		
分区、分层播放不同音源信号	√	√	
分区强插	√	√	
广播优先级排序	√		
主/备功放自动切换	√	√	
扬声器线路及功放的自动监测功能	√	√	
支持远程监控	√	√	
广播的手动切换	√	√	√
火灾时，强制切入全楼紧急广播	√	√	√
突发紧急事故时，系统可自动切换到紧急广播状态	√	√	√

3 背景广播系统的应备功能，除应符合本规范第 7.7.5 条第 1 款的规定外，尚应符合表 7.7.5-2 的规定。

22

表 7.7.5-2 背景广播系统的其他应具备功能

其他应备功能	一级	二级	三级
软件程序控制播音、自动定时运行（可手动干预）	√	—	—
具有音调调节环节	√	√	—
矩阵分区	√	—	—
分区、分层播放不同音源信号	√	√	—
分区强插	√	√	—
广播优先级排序	√	—	—
主/备功放自动切换	√	√	—
扬声器线路及功放的自动监测功能	√	√	—
支持远程监控	√	√	—
广播的手动切换	√	√	√
火灾时，强制切入全楼紧急广播	√	√	√
突发紧急事故时，系统可自动切换到紧急广播状态	√	√	√

4 紧急广播系统的应备功能，除应符合本规范第 7.7.5
条第 1 款的规定外，尚应符合下列规定：

1） 当公共广播有多种用途时，紧急广播应具有最高级别
的优先权。公共广播系统应能在手动或警报信号触发的 10 s 内，
向相关广播区播放警示信号、警报语声文件或实时指挥语声。

2） 紧急广播系统设备应处于热备用状态。

3） 紧急广播系统应具有应急备用电源，主/备电源切换
时间不应大于 1 s；应急备用电源应能满足 30 min 以上的紧急

广播用电需求。

4）紧急广播系统的其他应备功能尚应符合表 7.7.5-3 的
规定。

表 7.7.5-3　紧急广播系统的其他应备功能

其他应备功能	一级	二级	三级
与事故处理中心（消防中心）联动的接口	√	√	—
与事故处理系统（消防系统或其他告警系统）分区相对应的分区警报强插	√	√	—
主/备电源自动切换	√	—	—
主/备功放自动切换	√	√	—
支持广播优先级排序寻呼台站	√	—	—
支持远程监控	√		—
支持备份主机	√		—
自动生成运行记录	√		—
可强插紧急广播和警笛	—	—	√

5　当对系统有时间精确控制要求时，系统应配置标准时间
校正功能。

6　系统的声学指标应符合具体使用的要求。

7.7.6　商业建筑的多功能厅、餐厅、娱乐等场所应设置独立
音响系统；当该场合无专用应急广播系统时，音响系统应与火
灾自动报警系统联动作为应急广播使用。

7.7.7　文化建筑会展中心的展厅公共广播系统，应根据面积、
空间高度选择扬声器的类型、功率并合理布局，以达到最佳扩

音效果。

7.7.8 体育建筑公共广播系统应在除赛事区、观众看台区外的公共区域和工作区等区域配置，宜与场地扩声系统在设备配置上互相独立，系统间应实现互联，在需要时实现同步播音。

7.7.9 教育建筑公共广播系统应满足室内和校园室外不同播音内容的需求，在室外操场播音时，应具有远距离控制播放进程的管理功能。系统应与火灾自动报警系统设备相联。中、小学、幼儿园公共广播系统应满足对公共广播信息、音乐节目、晨操、各时间段的定时作息、上下课及预备音乐铃声播音的需求。

7.7.10 航站楼公共广播系统应采用人工、半自动、自动三种播音方式，播放航班动态信息或其他相关信息，自动播音应采用语音合成方式完成。

7.7.11 城市轨道交通站公共广播系统应确保控制中心调度员和车站值班员向乘客通告列车运行以及安全向导等服务信息，并应能向工作人员发布作业命令和通知。

7.7.12 汽车客运站公共广播系统的语音合成功能应完成接发车、旅客乘降及候车的全部客运技术作业广播。系统应按候车厅、站前广场、售票厅以及客运值班室等不同功能区域进行系统分区划分。

7.7.13 住宅建筑的公共区域应按规范设置背景音乐广播及紧急广播。

7.7.14 通用工业建筑公共广播系统应根据生产车间环境噪声、面积、空间高度等选择扬声器的类型、功率并合理布局，满足最佳扩音效果。

7.7.15 网络型消防紧急广播系统供电必须满足消防电源的要求。

7.8 会议系统

7.8.1 建筑内会议场所应按面积、使用功能和管理需求分类，设计相应的应用功能，组合配置会议系统设备。

7.8.2 系统设计应根据会议场所的类型和功能要求，与建筑声学设计、装修设计紧密配合，提出建筑声学设计参考意见，包括会场语音清晰度、声场均匀度、混响时间、音响布设位置等具体技术指标。技术指标应当符合现行国家标准《厅堂扩声系统设计规范》GB50371、《视频显示系统工程技术规范》GB50464、《会议电视会场系统工程设计规范》GB50635、《剧院、电影院、多用途礼堂声学设计规范》GB/T50356 等的有关规定。

7.8.3 会议系统应采用网络化互联、多媒体场效互动及设备综合控制等系统信息集成化管理方式。

7.8.4 会议系统宜采用数字化系统技术和设备；设备的性能指标及技术要求应能满足会议系统需求。

7.8.5 会议系统应用功能一般包括图像显示、信号处理、音频扩声、会议讨论、会议录播、设备集中控制、会议信息发布等；在较大的会议(报告)厅内宜增设舞台机械及场景控制、高清晰摄像与录播及其他相关辅助配套功能等。

7.8.6 当会议系统有集中控制播放信息和集成运行交互式管

理功能要求时，宜采取会议设备集约化管控方式，对会议室的设备使用和运行状况进行智能化交互式管理。

7.8.7 对有远程视频会议信息交互功能要求的场所，应设置视频会议终端(含内置多点控制单元)等配套功能。

7.8.8 会议系统宜具有提供会议室或会议设备租赁使用及管理便利性。

7.8.9 具有国际交流活动需求的会议室或报告厅，应设置同声传译功能。

7.8.10 会议系统的音视频系统、灯光系统应与消防系统联动。

7.8.11 剧(影)院建筑、广播电视建筑的会议系统宜具有集中管理功能，可通过内部网络对会议设备进行合理的分配和有效的管理。

7.8.12 体育建筑新闻发布厅宜配置以调音台为核心的厅堂扩声系统，调音台应预留与电视转播系统的音频接口。

7.9 信息引导及发布系统

7.9.1 系统应具有整合各类公共业务信息的接入、采集、分类和汇总形成的数据资源库，在建筑公共区域向公众提供信息告示、标识引导及信息查询等功能，提升公共视觉信息化环境及人性化辅助的综合功效。

7.9.2 系统宜由信息播控中心、传输网络、信息显示屏（信息标识牌）和信息引导设施或查询终端等组成，应根据实际需要进行相应的设备配置及组合。

7.9.3 系统应根据建筑管理需要，合理布置信息发布显示屏、信息引导标识屏、信息查询终端安装点位。应根据公共区域的空间环境条件，设计显示屏、标识屏、信息查询终端的技术规格、几何形态及安装方式。

7.9.4 系统播控中心宜设置专用的服务器和控制器，宜设置信号采集和制作设备并应选用配套的应用软件，系统应支持多通道显示、多画面显示、多列表播放和支持多种格式的图像、视频、文本显示，并具有同时控制多台显示端设备显示内容的功能。核心视频服务平台应能将多种数据、高品质语音、高品质视频、多媒体、通讯和管理等功能集中在一个平台上，实现统一管理。

7.9.5 商场、宾馆等建筑，宜在室外和室内的公共场所配置多媒体信息显示屏。信息引导多媒体查询系统应满足人们对建筑电子地图、消费导航等公共信息的查询需求，应配置无障碍专用多媒体引导触摸屏。

7.9.6 博物馆信息发布及引导系统宜设置触摸屏、多媒体播放屏、语音导览、多媒体导览器等设备，并配置适量的手持式多媒体导览器，满足观众视听需求。陈列展览区、公共服务区等场所，应设置无障碍信息查询终端。

7.9.7 会展中心有多种语言讲解需求时，宜设置电子语音或多媒体信息导览。

7.9.8 剧(影)院建筑信息引导及发布系统应在候场室、化妆区等候场区域设置信息显示系统终端，显示剧场、演播室的演播实况。信息显示系统应具备演出信息播放、排片、票务、广告信息的发布等功能。

7.9.9 体育建筑信息引导及发布系统应根据体育建筑的等级和赛事项目的特点，设置赛事信息显示系统。其中，显示屏的设置应符合国际单项体育组织的有关规定。

7.9.10 医院建筑信息引导及发布系统应与医院信息管理系统互联。

7.9.11 学校建筑信息引导及发布系统，应与学校信息发布网络管理和学校有线电视系统实现互联。

7.9.12 住宅建筑应在住宅建筑群（区）公共区域设置公共服务信息显示屏或信息查询端口。

7.9.13 系统设计应符合现行国家标准《视频显示系统工程技术规范》GB50464等的有关规定。

8 信息化应用系统

8.0.1 信息化应用系统应成为建筑智能化系统工程的主导需求及应用目标。

8.0.2 信息化应用系统应具有对建筑环境设施的规范化管理和为主体业务高效运行提供完善服务的功能。系统宜包括公共服务、智能卡应用、物业运营管理、信息设施运行管理、信息安全管理、专项业务及建筑其他业务功能等所需要的专业技术门类的信息化应用子系统。

8.0.3 信息化应用系统应具有开放的、通用的信息化接口。

8.0.4 公共服务系统应具有对建筑物各类公共服务事务进行综合信息化管理的功能。

8.0.5 智能卡应用系统宜具有识别身份、门钥、重要信息等的系统密钥;宜具有消费计费和票务管理、资料借阅、物品寄存、会议签到及访客管理等功能。系统应具有不同安全等级的应用模式。

8.0.6 物业管理系统应对建筑物内的相关设施运行、维护、运营等实施规范化管理。

8.0.7 信息设施运行管理系统,应能对建筑物内各类信息设施的资源配置、技术性能、运行状态等相关信息进行监测、分析、处理和维护,达到对建筑信息基础设施的高效管理。

8.0.8 信息安全管理系统应根据需要设置不同业务网络的逻辑隔离、用户身份认证及网络访问授权、跨等级访问时的安全保护、安全域边界集中部署、对用户电脑实施强制安全保护等功能，应保障信息网络的正常运行和信息安全。

8.0.9 工作业务应用系统应具有支撑该建筑专项业务良好运行的基本功能。

8.0.10 信息化应用系统还宜包括符合建筑相关主体业务和配套管理及服务的其他应用子系统。

9 建筑设备管理系统

9.0.1 建筑设备管理系统宜包括对冷热源、新风机组、空调机组、送排风机、给水排水、雨水利用、供配电、公共照明、电梯及自动扶梯等建筑机电设备的监测、控制管理。

9.0.2 系统在满足机电设备监控管理的功能条件下，应体现绿色节能和环保的要求。

9.0.3 系统应采用开放式、标准化的接口，集中管理分散控制的方式。

9.0.4 系统应满足物业管理需要，实现数据信息资源的共享和建筑机电设备系统整体化综合管理。

9.0.5 系统对建筑耗能的分类、分项计量与管理范围宜包括冷热源、通风空调、供配电、照明、电梯等建筑机电设施，应满足相关精度要求和管理规定。

9.0.6 系统宜与建筑内火灾自动报警系统、安全防范系统等相关智能化专业设备系统互联，构建合理有效的建筑设备综合管理。

9.0.7 系统应综合应用智能化技术，对我省可再生能源有效利用的管理，为实现低碳经济下的绿色环保建筑提供有效支撑。

9.0.8 设有智能化集成系统时，建筑设备管理系统应纳入其中统一管理。

9.0.9 系统设计应符合《建筑设备监控系统工程技术规范》JGJ/T334 及其他国家现行相关标准的要求。

10　公共安全系统

10.1　视频监控系统

10.1.1　视频监控系统应根据保护对象的风险等级、防护级别、安全防护管理需要等因素进行设计。

10.1.2　系统设计应能确保图像质量、数据安全，并应确保监控系统的可靠性和控制信号的准确性。

10.1.3　视频监控系统应对需要进行监控的区域进行有效的视频探测与监视、图像显示、记录及回放。

10.1.4　系统宜自成独立网络运行，并具有与入侵报警、出入口控制等系统的联动接口，应预留有与当地处警中心的联网接口。

10.1.5　视频监控系统按系统规模可分为一级、二级、三级，分级与规模对应关系详表10.1.5。一、二级规模的系统应采用数字式视频监控系统。

表 10.1.5　按系统规模分级

级别	输入图像路数
一级	> 128 路
二级	16 路 < 输入图像路数 ≤ 128 路
三级	≤ 16 路

10.1.6 视频监控系统的前端设备、传输设备、处理/控制设备、记录/显示设备等各项性能应相互匹配。

10.1.7 在系统正常工作的情况下,监视图像质量不应低于五级损伤制评定图像等级的 4 级,回放质量不应低于 3 级;在允许的最恶劣工作条件下或应急照明情况下,监视图像质量不应低于 3 级。

10.1.8 应结合监视目标的环境条件、监视目标范围、图像质量等因素选择摄像机及其镜头、摄像机安装位置及高度等。

10.1.9 视频监控系统的信号传输宜优先采用有线传输方式;系统传输设备及介质应能确保图像传输质量,传输时延应能满足系统整体指标要求。

10.1.10 系统主控设备应满足使用要求、管理和控制要求,并应留有一定的冗余。

10.1.11 显示设备的选型与设置应符合以下规定:

    1 显示设备的尺寸需结合安装区域合理选择;

    2 显示设备的清晰度应高于摄像机的清晰度;

    3 操作者与显示设备屏幕之间的距离宜为屏幕对角线的 4～7 倍。

10.1.12 系统应采用数字方式进行图像存储,每路图像的存储时间不小于 7×24 小时。应配置具有联动接口的数字存储设备。

10.1.13 除视频显示设备外,视频监控系统主控设备应由 UPS 供电。摄像机宜由 UPS 供电,可由监控中心的 UPS 集中供电,也可分区设置 UPS 供电。

10.1.14 由室外引入的视频监控信号线路、控制线路、电源线路均应在引入建筑物处采取相应的防雷措施。

10.1.15 高风险对象的视频监控系统设计应配置不低于与其风险分级和防护级别的系统。

10.1.16 普通风险对象的视频监控系统应按现行国家标准《安全防范工程技术规范》GB50348 提高型进行设计，有条件时宜按先进型进行设计。

10.1.17 教育建筑应在周界、大门、厨房、餐厅、食品库、档案室、重要资料室、重要实验室等场所设置监控摄像机。教育建筑视频安防监控系统可结合考场监控系统和远程教学系统设置。

10.1.18 养老建筑应在室外公共活动场所、公共厨房、棋牌室、餐厅等场所设置摄像机，且应无监控盲区。系统宜能与跌倒求助报警系统联动。

10.1.19 旅馆建筑应在厨房、食品库、宴会厅、餐厅、生活水箱间等场所设置摄像机。

10.1.20 视频监控系统设计除满足本规范规定外，尚应满足现行国家标准《安全防范工程技术规范》GB50348 和《视频安防监控系统工程设计规范》GB50395 等的相关要求。

10.2 入侵报警系统

10.2.1 入侵报警系统设计应综合考虑防护对象的风险等级、防护级别、管理要求、环境条件和工程投资等因素。

10.2.2 系统设计应满足技术合理、安全可靠、经济适用、系统扩充性及联动兼容性的要求。

10.2.3 系统设计应根据总体防护要求，采用"层次设防"的原则设置入侵报警系统。第一层为"周界防范"，第二层为"入口控制"，第三层为"空间报警"，第四层为"重点防范"。

10.2.4 重要通道及出入口、集中收款处、财务出纳室、文物保护处、重要物品库房等区域应设置入侵报警探测器；财务出纳室应设置紧急报警装置。

10.2.5 建筑物周界、一层及顶层、重要部位宜设置入侵报警探测器，形成的警戒线应连续无间断。

10.2.6 系统应自成网络独立运行，宜与视频监控系统、出入口控制系统等联动，宜具有网络接口、扩展接口。

10.2.7 文物保护单位、博物馆、银行、重要物资库、机场、车站、监狱等高风险防护对象的入侵报警系统应按照现行国家标准《安全防范工程技术规范》GB50348 先进型进行设计，或者配置不低于防护级别和风险等级要求。

10.2.8 各类公共建筑，如办公建筑、教育建筑、医疗建筑、商业建筑、旅馆建筑等的入侵报警系统设计，应不低于现行国家标准《安全防范工程技术规范》GB50348 规定的提高型设计要求。

10.2.9 住宅、公寓、别墅、宿舍等各类居住建筑的入侵报警系统设计，宜参照现行国家标准《安全防范工程技术规范》GB50348 规定的基本型设计要求。

10.3 出入口控制系统

10.3.1 出入口控制系统应根据环境条件、出入管理要求、受控区安全要求等因素进行设计。

10.3.2 系统设计应满足安全性、可靠性、开放性、可扩充性等方面的要求，做到技术先进，经济实用。

10.3.3 系统设计应根据建筑物安全防范的管理要求，对楼内（外）通行门、出入口、通道、重要办公室门等处设置出入口控制装置。

10.3.4 系统的构成应根据出入目标数量、出入权限、出入时间段、系统功能要求等因素确定。

10.3.5 系统设计应满足建筑环境条件和防破坏、防技术开启的要求。

10.3.6 系统设计应满足火灾时人员疏散的相关要求。

10.3.7 系统出现故障或供电电源断电时，系统闭锁装置的启闭状态应满足安全及管理要求。

10.3.8 为适应智能化信息集成的需求，系统宜提供标准化通讯接口，以实现与关联信息系统的集成。

10.3.9 出入口控制系统应与火灾自动报警系统、视频监控系统联动。

10.3.10 文物保护单位、博物馆、银行、重要物资库、机场、车站、监狱等高风险防护对象的出入口控制系统，宜按照现行国家标准《安全防范工程技术规范》GB50348 先进型进行设计，或者配置不低于防护级别和风险等级要求。

10.3.11 各类公共建筑，如办公建筑、教育建筑、医疗建筑、商业建筑、旅馆建筑等的出入口控制系统设计，宜不低于现行国家标准《安全防范工程技术规范》GB50348规定的提高型设计要求。

10.3.12 住宅、公寓、别墅、宿舍等各类居住建筑的出入口控制系统设计，宜参照现行国家标准《安全防范工程技术规范》GB50348规定的基本型设计要求。

10.3.13 系统设计除应满足本规范相关规定外，还应符合现行国家标准《出入口控制系统技术要求》GA／T394、《出入口控制系统工程设计规范》GB503967的相关规定。

10.4 访客对讲系统

10.4.1 访客对讲系统应根据建筑环境条件、安全要求及管理需求等因素进行设计。

10.4.2 系统设计应确保不会产生信息传送冲突、破坏或丢失，并使语音信号的传递准确无误。

10.4.3 系统设计应具备选呼、对讲、控制等基本功能，应有客信息的记录和查询功能。

10.4.4 应优先配置联网型访客对讲系统，实现选呼、对讲、电控开启、监视及网络管理等，管理机宜安装在监控中心内或出入口的值班室内。

10.4.5 系统宜配置备用电源，以保障主电源断电时系统自动转换到备用电源。

10.4.6 根据管理需求，系统宜扩展摄像功能装置，构成可视对讲系统。系统宜具有逆光补偿功能或配置环境亮度处理装置。

10.4.7 系统宜考虑与火灾自动报警、视频监控等系统实现联动管理或留有相应的接口，以满足安全防范管理的需要。

10.4.8 居住建筑（如住宅、公寓、别墅、宿舍等）宜在出入口、住户户内设置访客对讲系统。

10.4.9 医院建筑宜在特护康复区设置访客对讲系统。

10.4.10 办公建筑宜在出入口、办公区等处设置访客对讲系统。

10.4.11 监狱建筑应在出入口、监护区等处设置访客对讲系统。

10.4.12 系统设计除应符合本规范规定外，还应符合现行国家标准《安全防范工程技术规范》GB50348、《楼寓对讲系统及电控防盗门通用技术条件》GA/T72 及《住宅小区安全防范系统通用技术要求》GB/T21741 等的相关要求。

10.5 停车库（场）管理系统

10.5.1 停车库（场）管理系统应根据管理和使用要求、环境条件等因素进行设计。

10.5.2 系统设计应确保识别的准确性，并应确保车辆通行畅通。

10.5.3 系统设计应结合现场环境条件、管理需求等因素选择适当的车辆识别模式。

10.5.4 为适应不同安全等级的管理需求，系统宜对出入车辆采用两种或两种以上的识别方式。

10.5.5 应根据停车库（场）的属性、规模、空间复杂度以及便于管理的需要，设置车辆引导系统、车位信息显示系统、寻车系统、缴费系统等。

10.5.6 为适应智能化信息集成的需求，系统宜提供标准化通讯接口，以实现与关联信息系统的集成。

10.5.7 根据安全防范管理的需要，系统宜与视频监控系统、电子巡查系统、火灾自动报警系统等实现系统联动。

10.5.8 开放的公共停车库（场）应设置停车库（场）管理系统。

10.5.9 各类公共建筑或设施的配建停车场，根据管理需求，宜设置停车库（场）管理系统。

10.5.10 建在工厂、行政企事业单位内部，仅供本单位车辆停放的专用停车库（场），宜设置停车库（场）管理系统。

10.5.11 系统设计除满足本规范规定外，还应满足《停车库（场）安全管理系统技术要求》GA/T 761 等现行行业标准的要求。

10.6 智能卡应用系统

10.6.1 根据建筑工程建设需求，智能卡应用系统设置宜包括：门禁管理、考勤管理、车辆出入、会议签到、图书借阅、员工就职注册、身份识别、物品领用、消费管理等功能。

10.6.2 智能卡应用系统宜采用 TCP/IP 通讯、RS485 总线或 TCP/IP 通讯与 RS485 总线相结合的通讯方式。

10.7 火灾自动报警系统

10.7.1 火灾自动报警系统应自成网络独立运行，宜具有与视频监控系统、出入口控制系统、停车场管理系统等的数据接口，保证数据共享、分系统控制。

10.7.2 系统设计应符合现行国家标准《火灾自动报警系统设计规范》GB 50116 和《建筑设计防火规范》GB 50016 等的有关规定。

11 机房工程

11.0.1 机房工程,应在为建筑智能化系统设备及装置提供良好运行环境的同时,为这些设备装置的安全、可靠和高效运行及其维护提供尽可能完善的条件。

11.0.2 机房的设置应根据建筑智能化系统的应用状况以及建筑规模、性质和运营管理模式确定。

11.0.3 机房工程宜包括建筑、结构和机房空调、电源、照明、接地、防静电、安全、消防、机房环境综合监控等内容。

11.0.4 在建筑工程中,可根据具体情况独立配置或组合配置建筑智能化系统机房。

11.0.5 信息系统中心机房、应急响应指挥中心等重要智能化系统机房,宜根据建筑机房规模、系统配置、设备运行管理及建设目标要求等,配置机房环境综合管理系统,其功能应包括机房环境质量监控、设备运行监控、安全技术防范等。

11.0.6 机房工程建筑设计应符合以下要求:

1 信息接入(含移动通信室内覆盖接入)机房,应设置在建筑首层或地下一层。

2 信息系统中心机房、用户电话交换系统机房等,宜设置在建筑地面二层及以上。

3 信息系统总配线房宜设于建筑(或建筑群)的中心区域,并应与信息接入设备房、信息中心机房及用户电话交换设备机房综合规划。

4 当公共广播系统、火灾自动报警系统、安全技术防范系统、建筑设备管理系统等中央控制设备设在智能化总控室内时，各系统应有相对独立的工作区，其安全出口应符合国家标准相关的规定。

5 智能化设备间（弱电间）宜独立设置，其在建筑平面的位置，应符合各系统信息传输的要求。以楼层为区域划分的智能化设备间（弱电间）上下位置应垂直对齐。

6 机房不应设在水泵房、厕所、浴室和厨房等场所的正下方或贴邻布置。

7 智能化系统总控室、信息中心机房、用户电话交换设备机房等不应与变配电室及电梯机房贴邻布置，也不宜布置在其正上或正下方。

8 机房的面积和层高应符合各系统设备及机柜的布局要求，并应适当预留发展空间。

9 机房采用防静电架空活动地板，地板的内净高不小于200 mm，承重能力应满足设备荷载要求。

11.0.7 机房工程电源设计应符合以下要求：

1 机房供电应符合机房整体相应技术等级及系统设备用电负荷等级的要求。

2 应保证供电电源的质量，供电电源的电压值差不大于额定值的 ±10%。波形畸变率 THD 不大于 20%，否则应采取抑制谐波的措施。

3 机房电源输入端，应设置防止雷击过电压侵入的电涌保护装置。

11.0.8 机房工程照明设计应符合以下要求：

1 机房照明应符合现行国家标准《建筑照明设计标准》GB50034 的相关规定；各工作区的照度标准值应满足相关要求。

2 照明灯具应采用无眩光和高效节能的灯具，光源应采用高效节能产品。

11.0.9 机房防雷与接地设计应符合相关标准要求。

11.0.10 机房静电防护设计必须符合以下要求：

1 机房内所有设备的金属外壳以及各类金属管道、金属线槽、建筑物金属结构等必须进行等电位联结并接地。

2 机房内各工作区的地板或地面，应采用防静电地板或敷设防静电地面，并有静电泄放措施和接地构造。

3 静电接地的连接线应有足够的机械强度和化学稳定性，宜采用焊接和压接。

11.0.11 机房电磁屏蔽设计应符合以下要求：

1 对涉及国家秘密和用户有保密要求的信息系统机房，应设置电磁屏蔽室或采取其他电磁泄漏防护措施。

2 电磁屏蔽机房的设计应符合现行国家标准《电子计算机机房设计规范》GB50174 和其他有关技术规定。

11.0.12 机房工程安全设计应符合以下要求：

1 重要机房应设置与管理配套的火灾自动报警、安全技术防范设施。

2 机房内消防设施的设计，应符合现行国家标准《电子计算机机房设计规范》GB50174 和国家有关的建筑防火设计标准的规定。

11.0.13 机房工程设计在符合本规范规定的同时，应符合现行国家标准《电子信息系统机房设计规范》GB50174、《建筑电子信息系统防雷技术规范》GB50343 等的相关要求。

12 建筑环境

12.0.1 建筑智能化整体环境应符合以下要求：

1 形成高效、健康的工作和生活环境；

2 适应人们对建筑功能性、安全性、舒适性的需求；

3 符合人们对建筑环保、节能等绿色环境的要求。

12.0.2 建筑的物理环境应符合以下要求：

1 建筑室内空间应具有适应性、灵活性；

2 在信息系统线路较密集或对系统布局灵活性要求较高的楼层及区域，宜采用铺设网络地板或地面线槽等方式；

3 信息系统应设置专用的水平及竖向线路通道，楼层及区域宜设置弱电设备间；

4 各智能化设备机房宜留有发展的空间；

5 室内装饰色彩应符合人体视觉卫生及舒适性的要求；

6 环境噪声应满足现行国家标准的控制要求；

7 室内空调应符合环境舒适性及节能的要求，应采取自动调节和控制的方式。

12.0.3 建筑照明应充分利用自然光源，宜采用智能控制系统以提高建筑室内照明质量。建筑照明及控制应符合现行国家标准《建筑照明设计标准》GB50034 的规定。

12.0.4 应采取必要措施确保电磁环境符合现行国家标准的相关规定。

12.0.5 建筑室内除有特殊需求外，建筑室内空气质量应符合现行国家标准《室内空气质量标准》GB/T18883 的要求。

13 智能家居

13.0.1 居住建筑宜设置智能家居系统，为住户提供舒适、安全、方便和高效的生活环境。

13.0.2 智能家居宜包括智能灯光控制、家电控制、电动窗帘控制、防盗报警、门禁对讲、可燃气体泄漏报警等功能。

13.0.3 智能家居各功能模块的配置应具有灵活性和可选择性，并能提供人性化、便捷化的操作方式。

13.0.4 网络传输宜采用标准的 TCP/IP 协议网络技术，确保系统的兼容和互联。

13.0.5 智能家居的设计应结合所在园区或社区的整体规划，为智慧园区的建设提供基础条件。

本规范用词说明

1 为便于在执行本规范条文时区别对待，对要求严格程度不同的用词说明如下：

　　1）表示很严格，非这样做不可的：

　　　　正面词采用"必须"，反面词采用"严禁"；

　　2）表示严格，在正常情况下均应这样做的：

　　　　正面词采用"应"反面词采用"不应"或"不得"；

　　3）表示允许稍有选择，在条件许可时首先应这样做的：

　　　　正面词采用"宜"，反面词采用"不宜"；

　　4）表示有选择，在一定条件下可以这样做的，采用"可"。

2 条文中指明应按其他有关标准执行的写法为"应符合……的规定"或"应按……执行"。

引用标准名录

1 《系统接地的型式及安全技术要求》GB 14050

2 《建筑设计防火规范》GB 50016

3 《火灾自动报警系统设计规范》GB 50116

4 《电子信息系统机房设计规范》GB 50174

5 《公共建筑节能设计标准》GB 50189

6 《有线电视系统工程技术规范》GB 50200

7 《综合布线系统工程设计规范》GB 50311

8 《建筑电子信息系统防雷技术规范》GB 50343

9 《安全防范工程技术规范》GB 50348

10 《厅堂扩声系统设计规范》GB 50371

11 《入侵报警系统工程设计规范》GB 50394

12 《视频安防监控系统工程设计规范》GB 50395

13 《出入口控制系统工程设计规范》GB 50396

14 《视频显示系统工程技术规范》GB 50464

15 《公共广播系统工程技术规范》GB 50526

16 《会议电视会场系统工程设计规范》GB 50635

17 《住宅小区安全防范系统通用技术要求》GB/T 21741

18 《智能建筑设计标准》GB/T 50314

19 《剧场、电影院和多用途厅堂建筑声学设计规范》
    GB/T 50356

20 《用户电话交换系统工程设计规范》GB/T 50622

21 《民用建筑电气设计规范》JGJ 16
22 《楼寓对讲系统及电控防盗门通用技术条件》GA/T 72
23 《停车库（场）安全管理系统技术要求》 GA/T 761

四川省工程建设地方标准

四川省智能建筑设计规范

DBJ51/T053－2015

条 文 说 明

目　次

1 总　则

1.0.1　为了适应四川省建筑智能化技术发展和智能建筑工程建设的需要，制定本规范。本规范具有适时性、适用性和可操作性，本规范中智能建筑工程是指以智能化技术与建筑技术融合的建筑工程。

3 基本规定

3.0.1 本条规定进行智能化专项设计是基于以下几方面的原因：

（1）根据建筑智能化系统发展现状和趋势，在建筑工程中配置的智能化系统越来越多，为了各系统能高效运行，建筑工程的智能化系统需要进行专项设计；

（2）参照住房和城乡建设部正在修订的《建筑工程设计文件编制深度》（修订稿）对建筑智能化专项设计文件深度要求，结合其出发点，规范中提出了智能化系统需进行专项设计与国家要求一致；

（3）参照全国其他部分省（如贵州省）、市开展智能化专项设计取得的效果，并结合我省实际，规定根据规模、功能、重要性等情况对项目进行智能化专项设计是很有必要的。

建筑工程的智能化系统专项设计应具备相应的资质，设计单位应满足住房和城乡建设部《建筑业企业资质管理规定》和《建筑业企业资质标准》对应的资质要求。为了便于管线预埋和减少专项设计后期介入导致返工浪费资源，建筑智能化专项设计与建筑主体设计宜同步进行；同时，建筑智能化的部分子系统如楼宇控制系统与给排水、暖通专业关系密切，同步设计有利于各专业间的相互协调，提升设计文件的完整度。为了确保专项设计图纸质量，建筑智能化专项设计应进行设计审查，与项目的各专业施工设计图纸同步报施工图机构审查是可行的，也提升了工作效率。

3.0.4 本条规定了智能建筑的智能化系统工程宜由若干配置要素构成，各类建筑的智能化系统工程设计，应根据建筑的规模和功能需求等，选择配置相关的系统；提出了构建智能建筑的设计要素及其各相应系统组合的构成方法，包括在设计过程中与相关专业的配合与协调的内容。

4 需求分析和设计原则

4.0.3 在过去的工程建设中，盲目设定高标准的智能建筑工程不在少数，鉴于此，本条明确了智能化系统工程的设计定位，应与智能化系统各项技术指标、建筑功能要求和运营管理模式的需求相适应、相匹配。

5 系统方案确定

5.0.4 智能化系统架构见图 5.0.4。

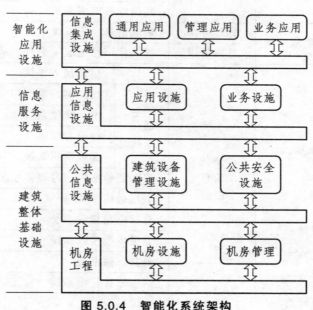

图 5.0.4 智能化系统架构

5.0.5 智能化系统组成见表 5.0.5。

表 5.0.5 智能化系统组成表

信息化应用系统	通用应用	公共服务系统		
	管理应用	物业运营管理系统		
		信息设施运行管理系统		
		信息安全管理系统		
	业务应用	通用业务系统		
		专业业务系统		
		其他业务应用系统		
智能化集成系统	管理应用	集成信息应用系统		
	信息集成设施	智能化信息集成（平台）系统		
信息设施系统	公共信息设施	信息接入系统		
		信息通信系统	信息网络系统	
			电话交换系统	
			综合布线系统	
			无线对讲系统	
		移动通信室内信号覆盖系统		
		卫星通信系统		
		有线电视接收系统		
		卫星电视接收系统		
		公共广播系统		
		信息综合管路系统		
	应用信息设施	会议系统		
		信息引导及发布系统		
		时钟应用系统		
		其他应用信息设施系统		
		其他公共信息设施系统		

建筑设备管理系统	管理应用	建筑能效监管系统		
	应用设施	建筑设备综合管理（平台）系统		
	基础设施	建筑机电设备监控系统		
公共安全系统	火灾自动报警系统			
	安全技术防范系统	安全防范综合管理（平台）系统		
		基础设施	入侵报警系统	
			视频安防监控系统	
			出入口控制系统	
			电子巡查管理系统	
			访客及对讲系统	
			停车库（场）管理系统	
		其他特殊要求安全技术防范系统		
	应急响应系统			
机房工程	机房设施	信息（含移动通信覆盖）接入机房		
		有线电视（含卫星电视）前端机房		
		信息系统总配线房		
		智能化总控室		
		信息中心设备（数据中心设施）机房		
		消防控制室		
		安防监控中心		
		用户电话交换机房		
		智能化设备间（弱电间）		
		应急响应中心		
		其他智能化系统设备机房		
	机房管理	基础管理	机电设备监控系统	
			安全技术防范系统	
			火灾自动报警系统	
		环境保障	机房环境综合管理系统	
		绿色机房	机房能效监管系统	

6 智能化集成系统

6.0.11 随着互联网技术的发展，以太网 TCP/IP 协议因其技术成熟得到最普遍的应用，智能建筑内的主干网几乎都是千兆位及以上以太网，采用 TCP/IP 协议。它也是智能化集成系统的主干网。

6.0.12 由于浏览器的发展，使计算机计算模式转向浏览器/服务器计算模式，传统的 C/S 模式中的服务器分解为一个 Web 服务器和多个数据库服务器，客户端不再与服务器直接连接，而是与 Web 服务器相连，Web 再与数据库服务器相连，Web 将结果格式化为 HTML 格式反馈给用户。这种三层结构，技术成熟、客户端软件简单、性价比优越，能充分利用资源。

7 信息设施系统

7.1 信息接入系统

7.1.2 专用网需根据重要程度和用户要求选择提供双路由方式接入：

1 金融办公建筑专用网接入宜提供双路由方式。

2 行政办公建筑中政务专网、军用专网，接入宜提供双路由方式：

3 医疗、学校、交通建筑根据其等级和重要程度，选择提供双路由方式。

4 三星级以上宾馆（酒店）、乙级以上写字楼接入可提供双路由方式。

7.1.8 第1款

1）综合接入应具备以下业务的接入能力：分组型业务（如 VoIP 业务、宽带互联网接入业务、以太网业务等）和电路型业务（如 DDN 业务）。

2）接入按业务实现方式划分，可选用 DDN、ATM、FR、PDH、SDH、XDSL、IP 等接入方式。

3）接入按照专线速率可划分：$n \times 64$ k、2 M、34 M、155 M、10 M/100 M 等。

4）接入按照接口类型可划分 V.24、V.35、G.703、RH45、BNC、光口等。

7.1.8 第3款

1）光纤接入的方式有多种，如光纤到路边(FTTC)、光纤到节点(FITN)、光纤到大楼(FTTB)、光纤到家庭(FTTH)方式。接入应符合《宽带光纤接入工程设计规范》YD/T5206 中的规定。

2）无源光纤网络(PON)采用无源光分路器等器件将信息传送至各用户。此方式较经济，但多点用户数量及分布范围受到限制。

3）有源光纤网络(AON)是采用有源光电复用传输设备（如 PDH、SDH、ATM 等）进行分路，为用户传输信息，可提供 POTS、ISDN、数据等业务，并适合于大范围分布的用户群灵活组网。

4）采用固定无线接入技术的系统有甚高频/微波无线接入系统、点对多点数字微波系统、微波扩频接入系统、卫星 VSA 系统，采用移动无线接入技术的系统有社区移动接入系统。本规范的无线接入系统不包括交通专网（如列车无线调度）等专用网的无线系统。

5）混合接入技术有光纤/双绞线铜缆网混合接入方式，接入的相关业务也仅是话音、低速、数据等窄带业务。随着宽带图像及其他高速数字通信业务的发展，光纤同轴电缆网混合接入技术(HFC)及其拓扑的混合接入技术 PON/HFC 也有应用。

7.2 电话交换系统

7.2.2 根据建筑内系统组网方式的不同，公用网采用以下方式解决用户业务：

1 语音：通过用户内网的各类用户交换机（PBX、IP PBX等）、接入网关（AG）或带网关功能话机等方式接入。

2 宽带上网：通过用户内网路由器/以太交换机/WLAN AP + 防火墙接入。

3 VPN 虚拟专网和传输专线：通过用户内网直接接入公用网。

7.3.2 智能化设备网络系统，是指在智能建筑内构建独立的 IP 网络，用于承载视频监控、公共广播、出入口控制、信息引导及发布、建筑设备监控等建筑智能化子系统。智能化设备网络系统应采用单独组网或统一组网的通信架构。

7.3 计算机网络系统

7.3.3 系统应支持建筑物内语音、数据、图像等多种类信息的端到端传输，并确保可以进行安全管理、服务质量（QOS）管理、网络系统的运行维护管理等。系统架构如图 7.3.3：

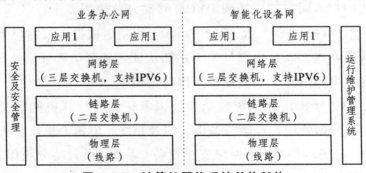

图 7.3.3 计算机网络系统总体架构

7.3.4 核心设备应设置在中心机房，汇聚（若有）和接入设备应位于楼道弱电间。接入设备可以采用有线、无线，或采用混合方式连接终端设备，其中有线方式的布线设计和实施，应按照综合布线的相关规范进行。

网络如需外联到其他系统，出口位置宜采用具有安全防护功能和路由功能的设备，一般不建议直连。

7.3.8 目前，数据中心技术主要包括以太网光纤通道（Fiber Channel over Ethernet，FCOE）、虚拟以太端口汇聚器（Virtual Ethernet Port Aggregator，VEPA）等，为进一步满足数据中心建设需求，中心机房服务器接入设备宜支持这些数据中心特性，并兼容传统的 FC SAN 存储设备。

7.3.9 网络接入方式、安全准入机制、接入能力包括：

1 应采用"企业级无线 AP+无线控制器"的方式组网，无线 AP 应采用 POE 方式进行远程供电。

2 应提供有线无线一体化认证，强化安全准入管理机制，简化用户入网方式，实现 BYOD 移动办公应用需求。

3 应提供 802.1x、Web Portal、短信、微信、二维码等多种认证方式，满足内部员工无感知认证，外部访客强制认证，其他类型用户安全、便捷接入网络的需求。

7.3.13 涉密信息系统包括涉及国家秘密的计算机网络交换平台、数据处理、存储与备份、综合布线、电源、地线、机房环境、业务应用软件、网络安全设备（系统）及策略分级保护、专用保护设备（系统）。

7.7 公共广播系统

7.7.9 在学校的餐厅、招待所等有关场所内，应配置独立的背景音乐设备。

7.7.10 航站楼建筑宜采用自动广播为主、本地广播为辅的系统设置原则，本地广播优先级应高于自动广播，且广播系统宜具备自由文本转换语音功能及存储转发功能。应采用普通话与英语两种语言播放信息。广播区域划分宜按最小本地广播区域划分。宜配置背景噪声监测设备。广播系统的功率放大器应按 N + 1 的方式进行热备用，且系统应具有功放自动检测倒换功能。

7.7.11 广播系统应满足铁路旅客车站客运广播的要求，应满足紧急情况下应急疏散广播的需求。应与铁路客运作业需求相一致，在候车厅、进站大厅、站台、站前广场、行包房、出站厅、售票厅以及客运值班室等不同功能区进行系统分区划分。系统的语音合成设备应完成发车接车、旅客乘降及候车的全部客运技术作业广播。系统应具有接入旅客引导显示系统、列车到发通告系统等通告显示的接口条件。

7.7.13 车站广播控制台应对本站管区内进行选路广播，负荷区宜按站台层、站厅层、出入口和与行车直接有关的办公区域等进行划分，广播语言宜为普通话和英语。

8 信息化应用系统

8.0.1 以信息化应用作为建筑智能化系统工程设计，能有效杜绝工程建设的盲目性，也是工程验收及成果交付的重要依据。

9 建筑设备管理系统

9.0.1 建筑机电设备监测、控制管理的内容包括：

    1 冷热源系统：监测热交换系统管道的温度、压力、流量，冷冻水循环泵控制箱的状态、故障、手自动状态、变频频率；控制水泵启停、频率调节、每台水泵的冷冻水管和冷却水管上电动蝶阀的开闭，并监测阀门状态 。

    2 新风机组：监测新风温湿度；监测送风温湿度；监测过滤器、风机压差状态；监控风机启停控制及运行、故障、手/自动状态；调节冷热水盘管水阀的开度；控制加湿器电动阀开闭。

    3 空调机组：监测空调机组启停控制及运行、故障、手/自动状态；监测送回、风温湿度；监测过滤器压差状态、风机压差状态；调节新、回、排风阀开度；调节冷热水盘管水阀的开度；控制加湿器电动阀开闭。

    4 送排风机：监控送、排风机、两用风机启停控制及运行、故障、手/自动状态。

    5 给水排水：监测所有水箱（水池）高、低液位；监测生活供水泵的运行状态、故障状态；监测所有集水坑的高低液位；监控排污泵的运行状态。

    6 雨水利用：监测雨水储水池及水箱的液位；控制进水阀、补水阀的开闭。监测循环泵、绿化浇洒泵运行、故障、手/自动状态、变频频率；控制水泵启停、频率调节。

    7 供配电、公共照明：设有变配电所智能化系统时，通过协议接口联接；末端配电系统控制柜通过现场控制器（DDC）连接；公共照明的控制可设置独立的智能灯光控制系统，在点位和控制功能较少时，可通过楼宇自控系统实现控制。

8 电梯及自动扶梯：监测其运行、故障、电源工作状态；应急控制。

10 公共安全系统

10.1 视频监控系统

10.1.8 摄像机及其镜头的选择、摄像机安装位置及高度需结合监视目标的环境条件、监视目标范围、图像质量、系统模式等因素确定。可根据下列原则选取：

1 摄像机的选型与设置：

1) 监视目标的最低环境照度不应低于摄像机靶面最低照度的 50 倍。

2) 监视目标的环境照度不高而图像清晰度要求较高时，可选用黑白摄像机；监视目标的环境照度不高，且需要安装彩色摄像机时，应设置附加照明装置。

3) 室外场所宜选择具有自动电子快门的摄像机。若为彩色摄像机，宜选用低照度时能自动转黑白的彩色摄像机。

4) 宜优先选用定焦、定方向、固定/自动光圈的摄像机，需要大范围监控时可选用带云台和变焦镜头的摄像机。

5) 摄象机应有设置在监视目标区域附近不易受外界损坏的地方，并宜顺光对准监视设备。

6) 摄像机的设置高度：室内距地宜为 2.5～5 m，室外距地宜为 3.5～10 m。

7）电梯轿厢内的摄像机应设置在电梯门左或右侧上角。

2 摄像机镜头可根据下列原则确定：

1）镜头的接口应与摄像机的接口匹配，镜头像面尺寸应与摄像机靶面尺寸匹配。

2）镜头的焦距应根据视场大小和镜头与监视目标距离等确定，可按下式计算：

$$f = AXL / H$$

式中　f——焦距(mm)；

A——像场高/宽(mm)；

L——镜头到监视目标的距离(mm)；

H——视场高/宽(mm)。

3）用于监视固定目标的摄像机，宜选用固定焦距的镜头；需要改变视场范围时或调整监视目标观察视角时应选用变焦镜头；监视目标距摄像机较近且视角范围广时，可选用视角在 60°以上的广角镜头；监视场所狭长时，可选用视角在 40°以内的长焦镜头；监视场所有隐蔽要求时，宜采用小孔镜头或棱镜镜头。

4）监视目标环境照度变化范围高低相差达到 100 倍以上的场所，应选用自动光圈或遥控电动光圈镜头。

10.1.9 信号传输方式通常为有线传输和无线传输有线两种，目前有线传输方式技术成熟稳定，产品性价比高，能保证图像质量，因此推荐首选采用有线传输方式。

　　系统传输设备及介质对图像质量和时延有较大影响，需结合系统情况进行选取。当采用有线传输时，模拟视频信号宜采用同轴电缆，并根据视频信号的传输距离、端接设备的信号适应范围和电缆本身的衰耗指标等确定同轴电缆的型号、规格。数字视频信号的传输按照数字系统的要求选择线缆。采用全数字视屏监控系统时，宜采用双绞线作为视频信号传输线（长度不超过100 m），系统主干或长距离传输时宜采用光缆。在强电磁干扰环境下传输时，应采用光缆作为传输介质。

10.1.11　显示设备的设置除应满足操作者与显示设备间距离要求外，还应考虑：

　　1）显示设备的位置应使屏幕不受外界强光直射。当不可避免时，应采取避光措施。

　　2）电梯轿厢内摄像机的视频信号宜与电梯运行楼层字符叠加，实时显示电梯运行信息。

10.1.14　为了防止雷击损坏视频监控系统主控设备，由室外引入的视频监控信号线路、控制线路、电源线路均应在引入建筑物处装设与之匹配的电涌保护器，采用光纤传输的视频信号线路不需装设电涌保护器。

10.1.16　民用建筑如办公建筑、宾馆建筑、商业建筑、文化建筑、医疗建筑、居住建筑、学校建筑、养老建筑等，多为普通风险对象。根据《安全防范工程技术规范》GB50348—2004

第5章，普通风险对象的安全防范工程设计分为基本型、提高型和先进型三个等级。参考行业现状及我省经济发展实际情况，建议此类建筑按提高型进行视频监控系统设计。如果投资情况允许，有条件时也可按提高型等级进行设计。

11 机房工程

11.0.7 第1款 智能化总控室、信息中心机房、用户电话交换设备机房、消防控制室、安防监控中心等重要机房，除采用城市电网供电外，应配置不间断电源，同时根据相关规定和系统运行要求设置柴油发电机组等作为应急备用电源。